百年記憶兒童繪本

李東華｜主編

未來之城

郝周｜文　鄭曉飛｜繪

中華教育

深圳的冬天很暖和。天藍水碧，海風吹得路邊的植物搖曳生姿，巨大的礁石一直延伸到海裏，海水時不時湧到礁石上，泛起白色浪花。

「我小的時候，這裏可沒這麼多遊輪，更沒有甚麼海鮮街。」說這話的是一個戴着鴨舌帽的年輕人。他的帽子前簷裝飾着一隻展翅的大鵬鳥。

幾個孩子正圍着他。他們的眼睛亮亮的，看上去興致勃勃。

「那時候，海岸上人很多，賣魚的，買魚的，大家都在討價還價，但海面上只有幾艘小漁船。現在這裏變化這麼大，有大船，有漂亮的棧道，還有這麼多海鮮美食店！」

「慶老師，你又在歎當年啦！」一個調皮的小男孩扮了個鬼臉，「你們這些大人，就是喜歡回憶以前的事。」

「安安不喜歡聽，我喜歡，我想多知道一些從前的事。」一個高個子、略顯沉穩的女孩說。

「誰說我不喜歡，我……我就那麼一說。」安安急忙打斷了女孩的話，不好意思地低頭記起筆記來，「我、我當然知道，要多多收集資料，多了解深圳，我爸爸說，知道過去，才能更好地創造未來！」

慶老師笑着拍了拍安安的肩膀：「説得很對，想要讓深圳變得更美好，要多了解深圳的過去，多看，才會多想，才能提出好點子。」

慶老師一邊説着，一邊帶領孩子們走上棧道，指向蔚藍的海面：「這片海灣叫大鵬灣，深圳的別名『鵬城』，就是從這兒來的。」

一個紮辮子的女孩輕聲說道：「看，遠處的海岸線上，有很多高樓大廈呢！」

「我們一會兒要去的地方也有很多高樓大廈。」慶老師帶着孩子們離開了海邊，走向停車場，「還有深圳第一高樓呢！」

「我知道，那一定是平安大廈！爸爸還帶我上去過，可高可高了，都快插到雲彩上面了！」安安搶着說道。

南南跟着補充道：「它的全名叫平安國際金融中心！頂樓有透明觀景台，人站上去嚇得腿都軟啦！」

「哇，我還沒上去過呢！」

孩子們你一言，我一語，七嘴八舌地說個不停。歡笑吵鬧聲中，汽車在寬闊的公路上行駛，一路向西。

一座狀如利劍的高樓直插雲霄，即便在大廈林立的城市商業圈，它也是那麼顯眼。孩子們遠遠地就看到了它，開心地歡呼起來。

「到了到了！」安安叫道。

小希好奇地問道：「你不是都來過好幾次了嗎，怎麼還這麼激動？」

「那怎麼一樣！以前是來玩的，這一次，我們是有任務的，是來考察的呢！」安安拿出了筆和本子，「我爸爸說了，想要當兒童議事員，可得做足功課。」

「你一定很崇拜爸爸吧？整天『爸爸、爸爸』不離口。」

聽到這句話，安安原本興奮的表情暗淡了下來，悻悻地說：「我以前最喜歡爸爸了，他是個建築師，設計過好多好多深圳的房子。可這次，爸爸不支持我，總是說『小孩子當甚麼議事員，好好學習才是你該幹的事』。我、我要證明給他看，這一次，他說得不對。」

「安安，你一定會成功的。」慶老師放慢了車速，好讓孩子們能細緻地觀察這棟大樓，「把深圳建設成兒童友好型城市，這需要所有人的努力，孩子的意見尤為重要。這也是我們這次『走讀鵬城』的意義。作為小候選人，多了解深圳一點，我們就會更愛它，更好地創造深圳的未來。不要灰心，向你的爸爸證明，小孩子也能為深圳建設出謀劃策的。」

轉眼汽車就行駛到了平安國際金融中心的樓下。孩子們抬頭向上看去，越發覺得這座大樓氣勢非凡。

「這棟樓高達599米。不過，你們知道深圳第一座高層建築在哪裏嗎？」

安安歪着腦袋說：「是華強北的電子大廈，和我爸爸的年紀一樣大。爸爸說，他正是因為小時候看到了這棟樓，才立志要成為建築師，造出更多大樓來的呢！」

慶老師笑了：「沒錯。電子大廈建成於1982年，雖然只有69.9米高，在當時可算得上是『危樓高百尺，手可摘星辰』了！」

「69.9米？還沒有我家的樓高呢！」南南撇撇嘴說。

「我爸爸説，他小時候住的都是平房。70米的樓房已經很高很高了！」

「是69.9米！」南南一字一句地糾正道。

在孩子們的爭論聲中，汽車穿過繁華的街道，向北駛去。

雖然是冬天，蓮花山公園裏依舊鬱鬱葱葱，簕杜鵑花團錦簇。慶老師和孩子們沿着登山道向山頂廣場走去。孩子們精神抖擻，蹦蹦跳跳，聊個沒完。

「從69.9米到599米，深圳的個子變高了，深圳長大了。改革開放四十多年，深圳人把泥巴路建成了柏油路，把低矮的瓦房建成了高樓。對了，你們知道改革開放的總設計師是誰嗎？」

「是我爸爸那樣的建築師！他們設計了好多大樓！」

南南扮了個鬼臉：「你這叫答非所問！明明是鄧小平爺爺！」

慶老師哈哈笑道：「沒錯，改革開放的總設計師是鄧小平爺爺，他的塑像就在山頂！」

登上山頂觀光平台，一尊高大的人物塑像映入眼簾。

南南順着步道開心地跑上前去，恭恭敬敬地行禮：「鄧爺爺，您好！」

其他孩子也學着她的樣子，走上前去，向着塑像行禮。

「爸爸帶我來過好多次了。」安安忘記了之前的鬱悶，「爸爸總是說，你們小孩子可能還感受不到，鄧爺爺到底有多偉大。爸爸可是和深圳一起長大的，親眼看着深圳從又窮又破的邊陲小鎮變成現在的國際大都市……」

「我現在覺得，你爸爸確實老是小看我們小孩子！」南南忍不住插嘴道。

這次，一直沉默的暉暉也加入了他們的談話：「我想，安安爸爸的意思是，他的成長和深圳的成長是同步的，而我們一出生就長在糖罐子裏，沒有感受到從物質匱乏的年代到富裕的現代化生活的落差……」

另外三個孩子都瞪大眼睛看着暉暉，連慶老師也變得很驚訝：「這些話你是聽誰說的？」

暉暉有些臉紅：「我自己琢磨的。」

汽車又上路了，現在，它行駛在美麗的濱海大道上。

海岸線上，一排排高大的棕櫚樹從車窗外迅速掠過，樹木的另一側是大片的綠地，與綠地緊接的就是美麗的深圳灣。海水裏生長着一種奇異的植物 —— 紅樹，它們的根在海水中，卻長得枝繁葉茂。

「我們去紅樹林看看鳥吧！」小希提議道。

慶老師停下車，孩子們歡叫着朝海邊跑去。佈滿褐色石頭的灘塗上，美麗的鷺鷥正展示着牠們瘦高而優美的身姿，在悠閒地踱步。

南南興奮地叫道：「哇，你們看，樹林裏黑壓壓的，藏着一大羣鳥！」

「噓！不要驚嚇到牠們。」小希壓低聲音，還拉住了正準備跑向樹林的安安，「我們在這裏遠觀就好。」

慶老師說：「這裏是候鳥保護區呢。前方有一條美麗的棧道，咱們將要開始徒步啦！因此，等一會兒優先要做的是 —— 好好吃一頓午飯！」

「哇！」孩子羣爆發出小小的歡呼，他們怕影響到鳥兒，因此把聲音壓得很低。

　　這是一條景色宜人的海濱路，綠樹圍繞，海風輕拂，天海一色，令人心曠神怡。路上，孩子們還看見了雄偉的深圳灣大橋。大橋飛架南北，溝通着深港兩地。孩子們跑到大橋兩側的海灣棧橋，和慶老師合影留念。一個正在寫生的畫家把這一幕畫進了他的水彩畫裏。

又沿着佈滿鮮花綠草的海灣小路走了好久，孩子們終於來到蛇口碼頭。他們的小腿早已又痠又痛。

碼頭停滿了各種各樣的船隻，仔細看，甚至還能看見遊艇。孩子們立刻恢復了精神，他們歡呼雀躍着奔向前方，你指着大遊艇，我指着大吊車，七嘴八舌，你來我往，這讓本就忙碌的蛇口碼頭顯得更加熱鬧。

「咳咳。」慶老師的聲音讓孩子們安靜了下來，他們知道，慶老師又要開始「上課」啦！

「這裏就是蛇口，是改革開放的前沿陣地。1979年的時候，前面的碼頭還是荒蕪的灘塗呢！如今這裏成了繁忙的國際港口，建成了工業區。蛇口有一句著名的口號……」

「時間就是金錢，效率就是生命。」安安又搶着回答道，「這是爸爸告訴我的。」

參觀完蛇口的改革開放博物館，小小的隊伍繼續向前。

到達海上世界的時候，天色漸暗。一艘巨大的輪船停泊在港灣，龐大的身軀與四周的景觀融為了一體。

小希牽着南南的手，搶先跑到輪船旁邊，興奮地說：「爺爺帶我來這裏看過，等到晚上，就能看到七彩的噴泉。」

明 華
MINGHUA
廣 州
GUANGZHOU

這時，忽然燈光閃爍，樂聲響起，水柱高高地噴向夜空，水花飛濺，音樂噴泉表演開始啦！安安、南南和小希興奮地蹦跳着，歡笑着，只有暉暉安安靜靜地站在那裏。

「看一會兒咱們就去海上世界吃飯吧！」慶老師對大家說完，又側頭看向暉暉，「你知道這艘船叫甚麼名字嗎？」

暉暉不好意思地笑了笑：「知道。它叫『明華輪』，是法國製造的，後來被咱們中國買下來，改造成酒店客房，成了深圳有名的景點之一。船上的『海上世界』四個字是鄧小平爺爺題的。好多有名的人都上去看過。」

「暉暉可真是『萬事通』! 那，我們上去吃飯，是不是也能變成名人呀？」安安拍着手說道。

深圳市園嶺街道紅荔社區兒童議事會

「大家好，我叫安安，我想成為紅荔社區的兒童議事員。為了當好議事員，社區的慶老師帶着我們走遍了深圳改革開放的前沿陣地，我們參觀了繁忙的漁港，走過高樓林立的商業區，在改革開放博物館領略到深圳四十多年來的變化，對於社區的兒童友好型城市改造，我有很多很多想法。首先……」

看着安安一本正經的模樣，南南忍不住輕聲説道：「安安和平常可真不一樣呢！」

慶老師笑了笑：「為了今天的發言，他練習了好多次！」

安安的演説結束了，他快步走下講台，奔向了一個中年人。中年人輕輕地抱住了安安，他的嘴角微微上揚，看上去又驕傲又驚訝。

「那是誰？」小希問。

「安安的爸爸。」慶老師笑着説，「看來，安安已經向爸爸證明自己了。」

園嶺街道紅荔社區是深圳市創建兒童友好型城市的首個試點社區。2018年初，社區成立「兒童議事會」，面向社區全體兒童招募代表，通過兒童議事會，傾聽兒童的聲音，從兒童的需求出發，建設一個兒童友好型的「未來之城」。

◎責任編輯 楊紫東
◎裝幀設計 鄧佩儀
◎排　　版 鄧佩儀
◎印　　務 劉漢舉

百年記憶兒童繪本

未來之城

李東華｜**主編**　郝周｜**文**　鄭曉飛｜**繪**

出版｜中華教育
香港北角英皇道 499 號北角工業大廈 1 樓 B 室
電話：(852) 2137 2338 傳真：(852) 2713 8202
電子郵件：info@chunghwabook.com.hk
網址：http://www.chunghwabook.com.hk

發行｜香港聯合書刊物流有限公司
香港新界荃灣德士古道 220-248 號荃灣工業中心 16 樓
電話：(852) 2150 2100　傳真：(852) 2407 3062
電子郵件：info@suplogistics.com.hk

印刷｜迦南印刷有限公司
香港葵涌大連排道 172-180 號金龍工業中心第三期 14 樓 H 室

版次｜2023 年 4 月第 1 版第 1 次印刷

規格｜12 開（230mm x 230mm）

ISBN｜978-988-8809-59-2